PRO PERGAMO

VORTRAG

GEHALTEN IN DER BERLINER ARCHÄOLOGISCHEN GESELLSCHAFT AM 9. DECEMBER 1897

VON

ALEXANDER CONZE

BERLIN

DRUCK UND VERLAG VON GEORG REIMER

1898

In den Wassern des Nogatflusses spiegelt sich, von Jahr zu Jahr wieder vollständiger dem Bilde alter Zeiten gleichend, das Schlofs der deutschen Hochmeister, die Marienburg in Preufsen. Ihre Wiederherstellung aus dem Ruin ist ein glänzendes Stück archäologischer Arbeit, die hier bis zur Möglichkeit gelangt, durch sorgsame Forschung Gewonnenes in körperlicher Wirklickkeit wieder hinzustellen, zur Freude des Patrioten wie des Fachmanns[1].

Wenn wir im fernen Südosten, in Pergamon, Hand angelegt haben das Bild auch eines alten Herrensitzes aus der Vergessenheit wieder hervorzurufen, so wird ein solches Unternehmen seinem sonst wesentlich gleichen Ziele so weit wie bei der Marienburg niemals nahe kommen können. Leiten hier bei der Wiederherstellung Bilder und Beschreibungen aus der Zeit des früheren Zustandes selbst, so fehlt solche Hülfe dort so gut wie ganz. Und auch die Reste selbst versagen in Pergamon ganz anders als bei der Marienburg. Standen von dem

Ritterschlosse die Wände, die Wölbungen noch, so ist von den Bauten der Attalidenresidenz nur die κρηπίς geblieben, der κόσμος ist ungleich mehr gefallen, zerstreut, verschwunden. Wir können glücklich sein auch nur bis zur Herstellung im Bilde, wie es bei der Marienburg von vorn herein gegeben war, zu gelangen, und so weit wenigstens sind wir ja zu einem guten Theile gelangt. Aber auch, so weit es bis zu diesem Grade ausführbar ist, fehlt für das pergamenische Unternehmen der warme Untergrund patriotischer Empfindung, ohne den auch die Marienburg nicht wieder erstanden wäre und weiter erstände. Es gilt ein Wenig die Frage für Pergamon: was ist uns Hekuba?

Und doch, um was handelt es sich bei Pergamon? — doch um ein Stück unserer Kulturgeschichte, die man bei allem Hervorkehren des heimischen Elements nicht losreifsen kann von den starken Fäden, mit denen sie an der alten Mittelmeer-Welt hängt. Der Sinn hierfür ist ja in unserem Kreise, wie er heute hier festlich versammelt ist, lebendig genug. Wir wissen es alle: es handelt sich darum das Bild einer besonders wichtigen Residenz hellenistischer Zeit wiederzugewinnen, das Bild eines Grofsstadt-Individuums jener Zeit, da die Brücke von Hellas nach Rom geschlagen wurde, einer Stadt, die mächtig beigetragen hat die Ströme hellenischer Bildung in das römische Bette zu leiten, in dem sie befruchtend zu uns herübergeflossen sind.

Ein nicht unwesentliches Stück unserer Vorstellung von der heutigen Welt, in der wir leben, ist die Physionomie, ein Äufseres, in dem sich ein Inneres spiegelt, und die Art, wie sich diese Physionomie gebildet hat, die Geschichte, der hauptsächlichen städtischen Mittelpunkte. Sollte das für unsere Vorstellung von der Welt der Vergangenheit anders sein? Dem Stadtbilde Alt-Roms geht man seit Jahrhunderten forschend nach, nicht nur von Seiten der Einheimischen, sondern alle unserm Kulturkreise angehörigen Nationen betheiligen sich daran. Das Stadtbild von Alt-Athen wiederzugewinnen lag dem unvergessenen letzten Vorsitzenden unserer Gesellschaft mit am meisten unter seinen Bestrebungen am Herzen, und wenn Wilhelm Dörpfeld den Spaten ansetzt um für diese Kenntnifs neuen Boden zu gewinnen, so lohnt ihn der ungetheilte Beifall auch wissenschaftlicher Gegner. Zwischen Athen und Rom liegen als Bindeglieder, von Athen inspirirt, für Rom vorbildlich, die Residenzen der hellenistischen Reiche.

Wenn soeben ein geistvoller englischer Schriftsteller einen Ueberblick der griechischen Civilisation entwarf, mit der Absicht das für das Menschenthum bleibend Denkwürdige herauszuheben, so möchte er für die hellenistische Periode gern die Stadtbilder von Antiochia und Alexandria vergleichend verwerthen und ruft auch Pergamon an als ein Centrum der damaligen Civilisation Kleinasiens[2]. Aber sowohl in Antiochien, dem einst

Otfried Müller, dessen wir letzthin wieder lebhafter gedacht haben, eine Untersuchung aus der Ferne widmete, und auf das Förster uns eben wieder hinweist[3], als auch in Alexandrien bildet die moderne fortdauernde Bebauung wenigstens eines Theiles des hellenistischen Stadtbodens ein schwer zu überwindendes Hindernifs für die Untersuchung. Ganz anders in Pergamon. Hier liegt die Königstadt bis jetzt noch, eine ganz geringe Strecke an ihrem Südrande abgerechnet, in ihrem vollen Umfange frei. Nicht einmal Garten- oder Feldbau, kein Baumwuchs sind im Wege, kein Privatbesitz, von jenem geringen Streifen im Süden wieder abgesehen. Als ziemlich werthloses Regierungseigenthum dehnt sich die Bodenfläche, nur zu kümmerlichem Weideland für Schaf- und Ziegenherden benutzt, aus. Und an dieses so frei liegende werthvolle Untersuchungs-Object haben wir die Hand gelegt.

Das Stadtbild von Pergamon steht in seinem Grundplane nach unseren etwa achtjährigen Arbeiten in gewissen Hauptzügen bereits klar vor uns, auch mit seinen Veränderungen im Laufe der Jahrhunderte[4].

In das breite Flachthal des Kaïkos-Flusses, das sich westwärts in den Meerbusen der alten Hafenstadt Elaia, den heutigen Golf von Tschandarli, öffnet, ziehen von Norden her unter anderen zwei im Winter besonders mächtige Gebirgswässer herab. In convergirender Richtung treten sie aus den Randgebirgen des grofsen Flufsthales hervor. Zwischen sich umfassen sie eine Höhenzunge, von der rückwärts nördlich uns zunächst interessirt die bis gegen 400 m Seehöhe ansteigende Erhebung des Bergstocks des Agios Georgios. Er fällt südwärts zu einem von zwei niedrigen Kuppen unterbrochenen Sattelzuge ab. Diesem liegt, von Norden bis zu 335 m steil ansteigend, auch nach Osten und Westen mehr oder weniger jäh abfallend, nach Süden hin allmälig gegen die Thalebene abdachend, ein Vorgebirge vor. Dieses Vorgebirge trug die Attaliden-Stadt.

Ihr Kern war die nördlich höchste Erhebung von nur etwa 270 m nordsüdlicher Länge und etwa 120 m westöstlicher Breite. Es ist einer der natürlichen, leicht zu befestigenden Schutzplätze der Bewohner der Flufsthallandschaft, wie sie auch sonst sich boten auf andern Höhen der Randgebirge des Kaïkos-Thales und auf einer mitten im Thale weiter seewärts vereinzelt aufsteigenden Höhe, welche einmal das in der Sage als Hauptstadt erscheinende Teuthrania trug[5].

Aus einer in Hadrianischer Zeit auf Stein niedergeschriebenen Stadtchronik, von der wir drei Bruchstücke wiedergefunden haben[6], aber mehr finden möchten, erfahren wir, dafs im 4. Jahrhundert v. Chr. beim Aufstande des Orontes gegen Artaxerxes die Anwohner, wie es in der Chronik heifst, wieder auf die Höhe in die alte Stadt übergesiedelt wurden, offenbar um ihnen bei kriegerischer Wendung der Dinge einen gesicherten

Wohnplatz zu bieten. Diese Höhe kann nach allen Erwägungen keine andere sein, als der eben beschriebene Kern der späteren Attalidenresidenz. Dafs dort schon Jahrhunderte früher Leute verkehrten, dafür haben wir das unscheinbare Zeugnifs einer Thongefäfs-Scherbe mit Thierfiguren, die oben am westlichen Abhange aufgelesen wurde. In das 4. Jahrhundert aber reicht nach dem, was wir aus Architekturgeschichte und Paläographie schliefsen müssen, der älteste in Resten erhaltene Tempelbau Pergamons zurück, der Athena-Tempel dorischen Stils. Er ist noch nicht, wie in der Königszeit üblich wurde, aus Marmor, der nur mit gröfserem Aufwande herzuschaffen war, sondern aus dem Trachyt des Stadtberges selbst und seiner nächst umliegenden Höhen gebaut. An seinen Säulen befinden sich die zwei Inschriften, welche der Zeitfolge nach die Reihe der pergamenischen Inschriften eröffnen, die bilingue Weihinschrift eines gewissen Partaras und die nur griechische des Sohnes eines Artemon[7]. Im Innern haben wir uns das alterthümliche Idol der Athena zu denken, dessen Abbild uns mehrfach erhalten ist. Der Tempel liegt, hart an den Felsrand vorgeschoben, auf dem südwestlichen Steilvorsprunge der ältesten Stadt, des ἔρυμα auf der ἄκρα τοῦ ὄρους (um Strabo's Ausdrücke zu gebrauchen), in der sich dann um das Jahr 280 vor unserer Zeitrechnung jener Philetairos, dessen fettes, energisches Gesicht uns die pergamenischen Königsmünzen zeigen, mit dem Geldschatze seines Königs Lysimachos festsetzte, um sich dann unabhängig zu machen und so den Grund zur Macht seiner Medicäerfamilie der Attaliden zu legen.

Die feste Position, welche Philetairos auf der Berghöhe einnahm, hatte vor dem sagenumsponnenen Teuthrania den Ausschlag gebenden Vorzug der Ausdehnbarkeit unter Wahrung der Festigkeit.

Während die Philetairos-Stadt des jäh abfallenden Terrains wegen nach Norden und Osten keiner, nach Westen keiner erheblichen Erweiterung fähig war und hier immer schwer zugänglich blieb, boten nach Süden hin die allmählicher, aber zugleich in natürlichen, gute Anhaltspunkte für Befestigung bietenden Absätzen in immer breiterer Lagerung abdachenden Berghänge die Möglichkeit wiederholter Stadterweiterung. So wurde ein klug gewählter Platz von einem klugen Geschlechte in Eintracht auf einander folgender Regenten unter der Gunst der Umstände, die ihm immer gröfsere Bedeutung gestatteten, zu immer gröfserem Umfange ausgedehnt, bis zu der Grenze, welche die Zeitverhältnisse vorschrieben. In der streitenden hellenistischen Welt mufste die Stadt immer Festung bleiben. Sie rückte unter den Königen mit ihren Mauerringen, auch bei deren weitester Ausdehnung, niemals über den Fufs des Berges, des Vorgebirges, wie ich es vorher genannt habe, hinab. Die beiden im Osten und Westen es umziehenden Flufsläufe blieben immer außerhalb, wenn es auch an vorstädtischen Heiligthümern und gewiß manchen andern Anlagen drüben nicht fehlte, von denen das Asklepios-Heiligthum, im Südwesten etwa eine halbe Wegestunde entfernt, der ansehnlichste und in seiner Lage nachweisbare Punkt ist. Wie die Städter ihre Garten- und Weinberghäuser vor der Stadt, so hatten auch die städtischen Götter ihre Besitzthümer vor den Thoren; wie schon vor der Phäakenstadt ein ἄγλαον ἄλσος Ἀθήνης am Wege, den Odysseus zur Stadt geht, geschildert wird, so hatte auch die Stadtgöttin von Pergamon ihr Sommerheiligthum, so möchte man sagen, draußen, das Nikephorion, dessen Lage wir nur noch mit Vermuthung suchen. Wenn aber ein Feind bis vor die Thore kam, so waren diese heiligen Herrlichkeiten mit all ihrer Prachtausstattung der Könige ungeschützt der Verwüstung preisgegeben. Außerhalb der Stadt lagen sonst natürlich die Begräbnisse, so die großen noch heute ragenden Hügel, von denen erst einer seinem Innern nach bekannt ist, leider durch frühere Raub-Eröffnung leer. Dürften hier die königlichen Todten bestattet sein, so lagen die Gräber der großen Menge besonders nachweislich an den für den Anbau ungeeigneten Hängen des Stadtberges und an den umliegenden Bergabhängen. Was von Gräbern an den Straßen oder im Thale lag, ist gründlicher, wenn auch nicht spurlos, verschwunden.

Die stufenweise den natürlichen Terrainabschnitten

sich anpassenden Erweiterungen der Stadtbefestigung entsprechen sichtlich der allmählichen Ausdehnung des pergamenischen Reiches und der damit auch mit Vermehrung der Einwohnerzahl steigenden Bedeutung der Stadt. Diese Befestigungen sind während der ganzen Dauer unserer Arbeiten am Platze fortgesetzt Richard Bohn's eingehend betriebenes Studium gewesen. In zwei Plänen, Königsstadt und deren Hochtheil, hat er mit Benutzung der Humann'schen Terrainaufnahmen die Ergebnisse auch dieser Studien zur Darstellung gebracht. Sie werden im ersten Bande der „Alterthümer von Pergamon" erscheinen. Sie zeigen mehr, als das Wort bieten könnte.

Die Stadtmauerringe sind die übrig gebliebenen harten Schalen, aus denen gleichsam die Weichtheile des einstigen Lebens verschwunden sind. Theils stehen sie noch in frischer Gestalt großentheils aufrecht, theils ist ihr Verlauf nur aus den Felsbettungen ihrer fortgerissenen Werkstücke noch abzulesen oder aus den von ihrer Stelle gerückten Blöcken annähernd zu vermuthen. Vielfach sind sie durch jüngeres Gemäuer verdeckt und entstellt.

Am meisten verwischt sind natürlich die alleraltesten Befestigungen des obersten Stadtkernes, der unter den Königen zu deren Burg wurde, dann im Wesentlichen ausgefüllt von den Wohnungen der Herrscher und ihres Anhanges und dem Athenaheiligthume — denken wir etwa an die Hofburg in Wien mit der Augustinerkirche. Was hier älter gewesen war, ist unter solchen Umbauten verschwunden.

Von einem besonders interessanten zweiten Zustande der Ansiedlung hat aber Bohn noch die schwache Spur gefunden in Resten und Anzeichen eines Mauerringes, der südwärts vor dem Eingange der ältesten Hochstadt nur gering ausgreifend bereits eine hier beginnende Unterstadt umschlofs, da wo einer natürlichen und auch sonst zu beobachtenden Entwicklung zufolge ein Marktverkehr vor dem ältesten Stadtthore sich gebildet haben mufs, da wo der Marktplatz in monumentaler Gestalt später in der Königszeit ausgebildet wurde. Die Hochstadt Pergamon mit dieser ersten kleinen Unterstadt-Ummauerung hätte auf einer Entwicklungsstufe, nur in weniger kräftiger Gestalt, gestanden, wie Mykenai mit der Löwenthor-Unterstadt. Alterthümliche Polygon-Mauern, anscheinend von so frühen Anlagen herrührend, stehen noch am steilen Nordostabhange dicht unter der ältesten Hochstadt, da wo am wenigsten Anlafs zu Veränderungen im Laufe der Stadtentfaltung war.

Wenn wir mit dem Interesse, das immer die ersten Entwicklungs-Erscheinungen erwecken, diese ältesten Stadtgestaltungen auf der Höhe zu verfolgen suchen, sie aber nur wie im Zwielichte zn erkennen vermögen, so liegen sonnenklar zwei zweifellos erst der Königszeit angehörende Mauer- und damit Stadt-Erweiterungen vor unsern Augen — nachdem Bohn uns die Augen geschärft hat.

Die erste dieser beiden Erweiterungen bezeichnet einen starken Schritt vorwärts, wird die Stadt reichlich noch ein Mal so grofs gemacht haben, ist aber doch noch sehr mäfsig eingeschränkt dem noch späteren Umfange gegenüber. Sie hält sich noch mit einiger Vorsicht innerhalb einer von der natürlichen Bildung der Abhänge vorgezeichneten Grenze, steigt südwärts nicht über den oberhalb des römischen Gymnasiums τῶν νέων verlaufenden Terrainabschnitt hinab. Das Thor liegt, deutlich genug erhalten, im Südosten; im Südwesten bildet sich mit klippig abfallendem Hange eine scharfe Ecke, mit prachtvollem Ausblicke ins Land, und hier lag ein kleines, nur aus Trachyt gebautes Heiligthum der Athena, der Lage nach genau ebenso wie schützend vorgeschoben wie der älteste Athenatempel hoch oben auf der Südwestecke der ältesten Hochstadt.

Auf diese also noch einigermafsen vorsichtig geführte Erweiterung der Stadt folgt dann noch einmal eine andere, welche in stolzem Machtbewufstsein den Mauerlauf nach Westen, Süden und Südosten den Stadtberg bis gegen seinen Fufs hin, im Westen und Osten bis nahe oberhalb der Flufsläufe umfassen läfst.

Mit voller Sicherheit kann nur von einer relativen Zeitbestimmung bei diesen Befestigungsanlagen die Rede sein. Dafs der noch eingeschränktere, oberhalb des Gymnasiums verlaufende Mauerbau der ältere, der bis gegen den Bergfufs hinabgerückte der jüngere ist, spricht sich auch in der Konstruktion aus. Der erstere ist aus fein geschnittenen und scharf gefugten, nicht übergroſsen Quadern hergestellt, der andere erreicht in seiner weniger auf Zierlichkeit als auf imponirend feste Konstruktion gerichteten Fügung der in gröſserem Maaſse hergestellten Quaderblöcke eine monumentale Wirkung, wie sie in Pergamon auch sonst ihren Höhenpunkt erreicht haben dürfte unter Eumenes II, nach Strabo und nach den Ergebnissen der Ausgrabungen dem Hauptbauherrn der Stadt. Die weiteste Ausdehnung und die mächtigste Gestaltung des befestigten Pergamon entspräche dann der weitesten Ausdehnung des Reichs nach der Schlacht von Magnesia im Jahre 189 v. Chr.. Wenn wir als den Erbauer des inneren der zwei letztgenannten Mauerläufe dann Attalos I vermuthen, so hat das wenigstens Wahrscheinlichkeit.

Wenn nun schon in der Königszeit, wie erwähnt, vorstädtische Anlagen auch über den befestigten Stadtberg hinausrückten, so trat diese Bewegung der Ansiedlung unter römischer Herrschaft in ein gewaltig neues Stadium.

Ein hauptsächliches topographisches Resultat erst unserer Untersuchungen am Platze und vor Allem wieder der Beobachtungen Richard Bohn's ist die Ueberzeugung, daſs Alles, was auſserhalb des Mauerrings, den wir den Eumenischen nennen, an zum Theil höchst ansehnlichen Bauresten sichtbar ist, römischen Ursprungs ist. Die gewaltige Überbrückung des Selinusflusses, welche mit der als Wahrzeichen hochragenden Ziegelbauruine und der noch theilweise erhaltenen Umfassungsmauer eines großen Bezirks ein einheitliches Ganze bildete, noch ungezählte Quaderwölbungen und Plattenfußböden unter den Häusern der heutigen Stadt, in besonders großer Ausdehnung nach Südwesten hin, Theater, Circus, Amphitheater, welche die Höhe des türkischen Friedhofes auf dem rechten Selinus-Ufer umgeben, wo man am liebsten das Nikephorion der Königszeit begraben suchen möchte, Baureste weiterhin aufwärts im Selinus-Thale, Spuren von Privatbauten, die gegen das Asklepieion hin auf den Feldern zu erkennen sind, was vom Asklepieion selbst noch über dem Boden steht mit dem bedeckten Wege nach diesem Heiligthume, Alles ist römisch, wie man nur theilweise nie verkannt hatte.

Nun wurde die befestigte Königstadt auf dem Berge zu einer Altstadt mit alten Götterdiensten, mit Sehenswürdigkeiten aus der Königszeit, auch mit Kaiserdenkmälern noch wiederholt bedacht, aber vermuthlich nicht mehr der gesuchteste, fashionabelste Wohnplatz. Der wird gewesen sein, wo unterhalb in die Ebene hinein im Frieden, den das Kaiserreich gegen den äußeren Feind bot, die prächtige Neustadt sich ausdehnte, eine offene Stadt, ohne jede Spur von einer Ringmauer. So veränderte sich ja mehr oder weniger das Bild aller Städte in dieser Periode.

Die Meisten von Ihnen erinnern sich des Panoramas, das uns von dem römischen Pergamon eine Vorstellung bot, im Wesentlichen nur die Hochstadt zeigte, im Vordergrunde ganz richtig, wenn auch der Phantasie entsprungene, römische Bauten. Aber ich habe zufällig auf Reisen viel lebendiger dieses Pergamon wieder vor mir gesehen. Als ich einmal gegen Abend in der schottischen Hauptstadt Edinburg angekommen war und im Zwielicht einen Gang hinaus machte, war ich merkwürdig überrascht, als wäre ich in der Stadt, die mich so viel beschäftigt hatte. Englisch antikisirende Gebäude im Vordergrunde steigerten die Täuschung, die aber thatsächlich auf einer merkwürdigen Uebereinstimmung der topographisch-historischen Verhältnisse beider Städte beruht. Was in Pergamon das Hellenistische war, ist in Edinburg das Mittelalterliche, was dort das Römische war, ist hier das Moderne. Wie die Königsstadt von Pergamon mit der höchsten Burg der Attaliden, steigt die Altstadt von Edinburg auf dem Berge zu dem *Castle* empor; zwischen Stadt und Schloſs die Esplanade, der Lage nach etwa dem Markte von Alt-Pergamon entsprechend, die Bauten noch mittelalterlich ansehnlich, aber jetzt von geringeren Leuten bewohnt; vor dieser alten Festungstadt die offene heutige moderne Stadt mit ihren geraden Straſsen. So war in der That Pergamon in der römischen Zeit, nur der Altstadtberg steiler und höher ansteigend, die Naturform gewaltiger, Pergamon in seiner landschaftlichen Gesammtheit gewifs schöner, auch kunstgeschmückter, als das gepriesene Edinburg.

Als nun aber der Frieden von aufsen her bis in das Innere des Römerreiches hinein zu wanken begann, da fing die Stadt wieder an ein Festungskleid anzulegen und damit wieder zum Berge zurückzukehren. In der späteren Kaiserzeit entstand, etwa wie die Aurelianische Mauer Roms, ein starker Quadermauerzug, der in seinem Verlaufe so ziemlich der Mauer entsprach, die wir Attalos I zuschreiben wollten, nur mit einer erheblichen Erweiterung im Süden, indem er die Terrasse des Gymnasiums einbezog. Ein solcher fester Baukörper lud, wie einmal z. B. auch das Herodestheater in Athen, dazu ein ihn für die Befestigung zu benutzen.

Dann aber noch einmal in steigender Schwäche zog sich die Befestigung noch weiter bergaufwärts zusammen, nun etwa dem alten von Bohn aufgespürten Mauerringe dicht unterhalb der höchsten Burg im Verlaufe entsprechend. Wieder waren für ihren Verlauf neben der Bodengestaltung die starken Baukörper älterer Zeit, die man benutzte, maafsgebend. Die Mauer, die wir wohl mit Recht die byzantinische nennen, folgte im Süden dem Umrisse des hochaufgemauerten Marktes der Königszeit. Um sie in ihrer etwa vier Meter messenden Dicke aufzuführen, wurden, ein Zeichen der Zeit, die Marmorwerkstücke der nahe gelegenen Prachtbauten der Könige, providentiell unter Anderm die des grofsen Altars, verwendet, grofsenteils auch sicherlich zu dem eisenfesten Kalkmörtel verbrannt, der die Mauer so lange gegen völlige Zerstörung zu schützen geholfen hat.

Das Allerletzte von Nothbefestigung auf der Höhe liegt dann noch einmal weiter aufwärts zurück; es sind die immerhin ansehnlichen Ausflickungen und Verstärkungen der Mauern der alten Königsburg. Wie die Stadt in den Jahrhunderten von hier aus gewachsen war, so zog sie sich dahin auf ihren Ausgangspunkt zurück, als über den Fundamenten des Poliastempels eine byzantinische Kirche aufgerichtet wurde.

Nach der mohamedanischen Eroberung verkümmerte dieser bis dahin lebendig gebliebene Stadtkern auf dem Berge völlig.

Die ältesten mohamedanischen Bauten, mehrere Moscheen, setzen auf den Ruinen der römischen Unterstadt auf und hier unten lebt die türkische Stadt bis heute weiter, wie in der Römerzeit, in der wenigstens so weit von der Küste entfernt vorherrschenden Sicherheit gegen äufsere Feinde, als eine offene Stadt.

Nicht eine Spur mohamedanischer Bewohnung — einen Pfeifenkopf kann auch einmal ein Hirt verloren haben — hat sich auf dem Stadtberge gezeigt. Die Baureste oben verzehrte, wie man sagt, der Zahn der Zeit. Ruinen fallen immer mehr in sich selbst, wiederholt schüttelten Erdbeben und Stürme sie zusammen, sie dienten als Stein- und Kalkbruch für die Bewohner der andauernd ansehnlichen modernen Stadt unten, der Krautwuchs schoſs auf, verdorrte und vermoderte, und so breitete sich eine nivellirende Decke über Alles. Die Höhe liegt, wo nicht die Ausgrabung wieder alte Formen hervorgerufen hat, mit öder Oberfläche da.

Ist ein Vergleich der lebendigen Bebauung mit dem Haarwuchse nicht zu absonderlich, so gleicht das heutige Pergamon einem Kopfe mit kahlem Schädel und langem Barte. Der kahle Schädel ist der Stadtboden der Königstadt.

Und das ist, wie schon gesagt, für die Untersuchung die groſse Gunst, die wir benutzt haben. Carl Humann hat sein Bestes daran gesetzt, bis er ermüdete, ein Jeder, der dazu berufen war, hat mitgethan, und es ist, wie Sie alle wissen, Groſses erreicht. Was unsere Museen dabei gewannen, was sie auch in treuer jahrelanger Arbeit zur Wiederherstellung gethan haben, um sich des groſsen Gewinnes würdig zu machen, das soll in dem jetzt beginnenden Neubau eines Museums, den wir begrüſsen, erst voll vor Augen treten. Was für unser Wissen Thatsächliches gewonnen ist, wird, mit der Langsamkeit zwar, die solchem Thun anhaftet, dafür aber einheitlich umfassend und mit aller Genauigkeit, in den „Alterthümern von Pergamon“ niedergelegt[8]. Die Benutzung der Funde wartet aber erfreulicher Weise darauf nicht. Zu dem, was in den mannigfaltigsten Bearbeitungen aus den Entdeckungen geschöpft ist, trägt das Ausland soeben wieder in zwei neuen Erscheinungen bei. Ein Nestor unserer Fachwissenschaft, Prof. Ussing in Kopenhagen, schenkt uns einen Band über Pergamon oder Pergamos, wie er vorzieht es zu nennen[9]), dem zu Liebe er noch jüngst hier bei uns war, und von künstlerischer Seite ist den Überresten von Pergamon sowohl hier in den Museen, als auch am Orte selbst ein eingehendes Studium gewidmet von dem französischen Architekten Pontremoli. Er hat seine in sehr grofsem Mafsstabe ausgeführten Pläne, Ansichten und Restaurationen, von denen er uns Photographien zur Anschauung geboten hat, im letzten Pariser Salon ausgestellt und gedenkt sie herauszugeben.

Viel ist also erreicht, und es ist auch, von der bisher nebensächlichen Ausgrabung unten am Gymnasium abgesehen, etwas Ganzes erreicht. Die Pontremoli'sche Ansicht aus der Vogelperspective bringt das vortrefflich vor Augen, wie es ein einheitliches Kunstwerk war, diese Hochburg von Pergamon, wie sie wesentlich wohl Eumenes der Zweite gestaltet hatte, sich aufbauend im Bogen über der grofsen wagerechten Basis der Theaterterrasse, und wie wir dieses Ganze gründlich und reinlich in seinem Skelett wieder herauspräparirt haben. Bei diesem wiedergewonnenen Ganzen verweilt die Betrachtung mit einer gewissen Befriedigung, und unmerklich scheint sich die Vorstellung einschleichen zu wollen, als sei das Ziel erreicht, die Untersuchung, die nur erst einmal Athem schöpfen mufste, abgeschlossen. Man liest und hört wiederholt so. Es ist aber die Hauptabsicht bei meinem heutigen Vortrage zu betonen, dafs dem nicht so ist. Es ginge uns sonst leicht, wie so oft bei Statuenfunden; man nimmt als das Ansprechendste, leichtest zu Habende, den Kopf und läfst die Körpertheile liegen. So sollte es nicht mit Pergamon gehen. Sein Kopf steht wieder vor uns, die Burg mit den Palästen, dem Athenaheiligthume und seiner Bibliothek, mit dem römischen Einsatze des Traianeums, der grofse Altar und der Marktplatz, Alles vereinigend die Theater-Terrasse mit ihren Anlagen. Auch wie dieser höchste Stadttheil mit Wasser von den Gebirgen her gespeist wurde, ist mit der merkwürdigen Druckwasserleitung, ihrem Ausgangs- und Endpunkte, erforscht worden[10]. Aber werfen sie einen Blick auf den umstehenden Plan, der uns mit den Mauerlinien den Umfang des Eumenischen Stadtkörpers zeigt und in den schraffirten Flächen das, was davon durch Ausgrabung gründlich erledigt ist, so sieht es doch fast aus, wie auf der Karte von Africa vor vierzig Jahren. —

Nun ist nicht gesagt, dafs etwa die ganzen Strecken innerhalb der Eumenischen, auch nicht einmal innerhalb der von uns sogenannten Attalischen Mauer, durch Ausgrabung freigelegt werden müfsten. Wie in so vielen griechischen Städten sind grofse Strecken innerhalb der Befestigung wahrscheinlich, ja gewifs nie bebaut und bewohnt gewesen. Nur die Bodengestaltung hat genöthigt sie in die Befestigung einzubeziehen. Zwar kann man auch nicht sagen, wie weit die consequente Unter-

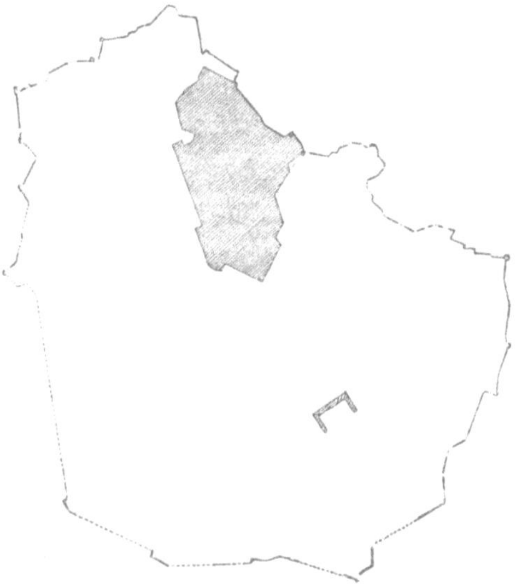

1 : 18000.

suchung einmal den Spaten führen muſs, zunächst aber würde sich die Forderung weiterer Aufdeckung auf ganz bestimmte, durch die Reste antiker Bebauung und ihre Lage dazu auffordernde, einzelne Punkte richten.

Das ist erstens das oberhalb der byzantinischen Mauer noch unaufgedeckte aber theilweise schon angegrabene Terrain, östlich vom Aufwege zum Thore der Hochburg. Hier sind gewaltige Unterbauten eines am

Abhange aufgerichteten Baukörpers theilweise von uns freigelegt. Die Technik der Mauern, einzelne gefundene reizende Architekturwerkstücke, so ein ionisches Pilasterkapitell, jetzt hier in den Museen, endlich allerlei Brocken feiner Ausstattungstheile, wundervoll scharf geschnittene Stuck-Ornamente, die wir auflesen konnten, zeugen dafür, daſs wir hier noch ein Stück pergamenischer Königspracht vor uns haben. Es frei zu legen, so weit es noch vorhanden ist, wäre keine groſse Arbeit, und es ist die nächste Ergänzung dessen, was gethan ist, die sich bietet.

Östlich von diesem Bau zieht sich gegen den abstürzenden Felsrand ein Terrain-Abschnitt hin, auf dem die Steinsetzungen einer Begräbniſsstelle zu Tage liegen, vermuthlich aus der letzten Zeit christlicher Bewohnung der Hochburg. Man würde eine Ausgrabung dahin ausdehnen können, auch auf Grund der Möglichkeit, daſs zu den Gräbern Werkstücke älterer, uns mehr interessirender Bauten und anderer Kunstwerke verwendet sein könnten.

Ein zweiter, nach dem, was einmal begonnen, eine völlige Aufdeckung fordernder Punkt ist das Gymnasium am Südrande vor der sogenannten Attalos-Mauer, ein Bau, so weit er bis jetzt zu Tage gebracht ist, des zweiten oder dritten Jahrhunderts n. Ch.. Das ist nicht, was uns in Pergamon besonders anzieht — am Rheine z. B. wäre es anders, und auch das antiquarische Interesse, welches die Aufdeckung eines solchen sicheren

Gymnasiums bieten würde, hat Ussing sehr mit Recht betont —, es verspricht keinen Zug zu dem Bilde der Königstadt, um dessen möglichst volle Wiedergewinnung es sich handelt. Aber der Bau steht auf einer Terrasse hellenistischer Konstruktion, die Etwas damaliger Zeit getragen haben mufs, das vielleicht aufzuklären wäre, und Einzelheiten aus älterer Zeit, Künstlerinschriften z. B., sind zu der Ausstattung des Römerbaus verwendet gefunden; deren mag es mehr noch geben. Und — auch davon hat Ussing gesprochen — hart an der Grenze, an der die Ausgrabung Halt machte, ist jener Kolossalkopf wunderbarer Erhaltung, wenn auch etwas leerer Kunstform, gefunden, mitten durchgebrochen, seine untere Hälfte nur, die im Pergamonsaale des Museums provisorisch aufgestellt ist. Einige Schritte weiter in den Schutt hinein könnte man sein Obertheil finden; wenn ebenso erhalten, wäre es wenigstens Etwas für das grofse Publikum; man findet zwar nicht immer, was man trotzdem suchen mufs. Der Hauptsache nach ist von dem Gymnasium nur die auf drei Seiten den grofsen Hof umgebende Säulenhalle aufgedeckt. Der Hof selbst, nur schwach verschüttet, verspricht nicht viel, aber die inneren Gemächer hinter der nördlichen Halle, gegen den ansteigenden Berg hinein gelegen, locken um so mehr als die am frühesten und am tiefsten verschütteten, auch wohl schon an sich als die interessantesten Theile der Anlage.

Die Untersuchung der Königsstadt läfst sich, wie an diesen beiden obengenannten Stellen, noch weiter in gesonderten Abschnitten, jedesmal einigermafsen ein Ganzes bildend, so noch drittens fortführen auf einer nordwestlich an die Gymnasium-Terrasse grenzenden andern Terrasse. Auch diese, aufserhalb der sog. Attalischen Mauer gelegen, rührt ihrer Anlage nach, wie auch hier die Stützmauern zeigen, aus hellenistischer Zeit her. Bei einem Versuchsgraben wurde ein kleiner Architrav mit einer Weihinschrift an Demeter Karpophoros gefunden, aus römischer Zeit[11]. Wir haben deshalb wohl, wie man bei Ausgrabungen dem Bedürfnisse nach Benennungen abhilft, von der „Demeter-Terrasse" gesprochen, über die wir aber noch völlig im Unklaren sind.

Viertens fordert eine durchgeführte Untersuchung die alte Hauptstrafse der Königstadt. Sie zieht sich, noch heute grofsenteils frei liegend und auf spätantikem Plattenpflaster begangen, von Süden, wo das Hauptthor der Eumenischen Mauer zu suchen ist, aus der Gegend des armenischen Friedhofes her bis zur höchsten Burg hinauf. Der Terrainbildung gemäfs beschreibt sie eine Linie etwa wie die eines lateinischen S. An zwei Knickpunkten läuft sie durch die beiden Thore, zuerst der römischen, dann der „Attalischen" Mauer, folgt dieser Mauer innerhalb, oberhalb der Gymnasium- und Demeter-Terrasse, wendet an der Stelle des erwähnten kleinen Athena-Heiligtums und zieht dann nahe dem Westabhange des Berges nordwärts, wo sie nahe vor dem Eintritte in den Marktplatz einst den prachtvollsten Anblick der Hochstadt geboten haben mufs und in den terrassenförmig übereinander sich erhebenden Ruinen noch heute merkwürdig wirkungsvoll bietet. Man sollte um jetzige Jahreszeit früh morgens einmal im dichten Wolkennebel zur Höhe steigen und auf ein Mal, wenn der Wind vorübergehend den Schleier zerreifst, dieses Bild sehen: die lange Theater-Terrasse, den Markt, den Altar, die Königsburg mit dem Athenatempel, das Traianeum. Wie eine edle Skulptur noch im Zerstöruugszustande die grofsen Grundlinien ihrer Schönheit, die Phantasie des Beschauers genufsvoll anregend, bewahrt, so dieser Ruinenplatz in seiner von der Natur vorgezeichneten, hauptsächlich unter Eumenes II gestalteten Gesamtheit.

Eigentlich untersucht ist diese Hauptstrafse der Stadt noch so gut wie gar nicht. An Resten und Anzeichen von Bauanlagen, die ihr entlang sich befunden haben werden, zwar nicht in Form moderner Strafsenfluchten, fehlt es nicht. Unweit ihres oberen Verlaufs, bevor sie den Markt erreicht, hat ein für uns ganz neues Denkmal im vorigen Herbst ungesucht sich zu erkennen geboten, als wollte es auffordernd zu verstehen geben, wie Manches da noch zu finden sei. In einem Flickmauerwerk später Zeit hatte das Wetter eine verbaute Marmorplatte sichtbar gemacht. Es bedurfte nur sie umzukehren und die Relieffigur einer Tänzerin lag vor uns, ein für pergamenischen Kunstgeschmack der Königszeit höchst charakteristisches Stück[12]. Es rührt von einem Rundmonumente her, von dem, wie sich nun hat erkennen lassen, unsere Museen noch zwei Plattenfragmente bereits besitzen.

Das sind also vier ganz besonders augenfällig zur Erledigung sich darbietende Arbeitsabschnitte, deren man, eines nach dem anderen, in beliebigen Pausen Herr werden könnte. Dabei würde noch eine Aussicht fortlaufend offen sein.

Wir haben Bau- und Skulpturwerke und Inschriften von hoher Bedeutung für die Geschichte ihrer Zeit gewonnen, aber fast Alles mehr oder weniger lückenhaft. Wir haben zwar, z. B. für die Altarskulpturen, welche Ausgangspunkt und Hanptsache der Bemühung gewesen sind, überall da gründlich gesucht, wo mit nächster Wahrscheinlichkeit Trümmer von ihnen erwartet werden konnten. Aber die Verschleppung kann natürlich unberechenbar weit gegangen sein, und jeden Spatenstich weiter kann auch das einmal lohnen. Förmlich unheimlich wegen der Gröfse der da ausstehenden Arbeit ist der Gedanke an das, was unter unseren Schutthalden im Westen unter der Theater-Terrasse bis in das Selinusthal hinab, der Art noch begraben liegen kann. Einmal wird hier auch, wie am Südabhange der Akropolis von Athen, aufzuräumen sein.

Archäologische Untersuchungen wie die, welcher ich das Wort rede, müssen sich auf ein bestimmtes Object concentriren, dieses aber nicht aus der Hand lassen, bevor es gründlich erledigt ist. Dieses Object ist hier also die Königsstadt von Pergamon.

Die, wie wir sahen, darüber hinaus ausgedehnte römische Stadt würde dabei ein ständig, aber nur gelegentlich zu berücksichtigender Gegenstand der Beobachtung bleiben. Gerade weil auf ihrem Terrain die moderne Bebauung sich bewegt, kommen von Jahr zu Jahr gelegentliche Funde vor, die ohne einen Beobachter am Platze leicht verschwinden oder nicht mehr voll verstanden werden können, wenn man zu spät von ihnen erfährt. Mehr zu versuchen, als solche Beobachtung, sollte man aber unterlassen, so lange oben in der Königstadt zu thun bleibt, mag immer das Asklepieion, mögen vielleicht noch mehr die Tumulusgräber verlocken wollen.

Wer durch Ausgrabungen kostbare Reste des Alterthums frei legt, die man nicht mit ihren Wurzeln ausreifsen und in Museen versetzen kann, der giebt in Kleinasien, so wie heute die Verhältnisse trotz besten Willens der dazu berufenen Ottomanischen Verwaltungsstelle in Constantinopel liegen, das Aufgedeckte nicht selten der Zerstörung preis. Der Untersuchende nimmt damit die Pflicht auf sich, das Aufgedeckte auch zu bewachen, es gegen Steinräuber, Kalkbrenner, Gelegenheitszerstörer aller Art zu schützen. Erst solche Fürsorge rechtfertigt voll den Eingriff in den Schutz der Verschüttung, unter dem die Reste doch bis zu einem gewissen Grade geborgen ruhten. Diese Pflicht erfüllen in Pergamon mit Unterstützung Seitens der Ottomanischen Verwaltung unsere Museen und werden sich ihr auf geraume Zeit hin nicht entziehen können.

Ausgrabend die Königsstadt zu Ende untersuchen, dabei beobachtende Umschau halten und die ausgegrabenen Reste bewachen, das ist, nachdem wir einmal begonnen haben, die grofse Aufgabe für uns, sobald wir eine Stelle haben, seien es die Museen, sei es die Akademie der Wissenschaften oder das archäologische Institut, die dem voll gewachsen ist. Ich spreche hier ganz im Einklange mit meinen Freunden, den betheiligten Vertretern der Museumsverwaltung. Diese ist selbst nur zur Zeit anderweitig engagirt.

Wenn für Kleinasien immer bessere Zeiten kommen, wenn auch Pergamon erst eine Einwohnerschaft hat, die immer mehr Verständnifs und Liebe für die grofsen historischen Erinnerungen ihres Heimathsplatzes gewinnt, dann wird uns Etwas von dem nicht erspart bleiben, was Lord Elgin im Nachrufe getroffen hat. Wir glauben Recht gethan zu haben, wie Lord Elgin Recht that, und wir haben mehr uns Rechtfertigendes bereits gethan, hatten auch mehr Anlafs dazu, als Lord Elgin. Man soll dann aber einst auch sagen müssen, dafs wir noch weit mehr gethan hätten, dafs wir den Grund gelegt hätten zur umfassenden Kenntnifs und zum umfassenden Verständnisse der Attalidenstadt, einen Grund, auf dem spätere Geschlechter dankbar weiter bauen können.

So weit hin gesteckten Zielen nähert man sich nur allmählich, schrittweise, ich freue mich aber, hier bereits wieder von einem Schritte sprechen zu können, der uns dem Ziele entgegenführen soll. Die königliche Akademie der Wissenschaften hat soeben die Mittel bewilligt um eine genaue kartographische Aufnahme der Stadt Pergamon und ihrer nächsten Umgebung, wie wir sie bis jetzt nur theilweise besitzen, zu beschaffen. Das Mitglied unserer Gesellschaft, Herr Kaupert, hat uns dabei mit Rath zur Seite gestanden; hoffen wir, dafs die Ausführung in solch' eine kundige Hand gelegt werden kann [13] und dafs unsere Freunde in der Ottomanischen Verwaltung der Alterthümer uns dazu entgegenkommen. Dann wird eine feste Unterlage geschaffen sein, auf der mit der Zeit Zug für Zug weitere Entdeckungen eingetragen werden können, die das Bild vervollständigen, das wir bis jetzt nur stückweise sehen und das uns als Ganzes vorschwebt.

[1]) C. Steinbrecht, Schlofs Marienburg in Preufsen. Führer durch seine Geschichte und Bauwerke. 4. Auflage. Berlin 1897.

[2]) J. P. Mahaffy, *A survey of Greek civilisation*. London 1897. S. 288ff..

[3]) Im Jahrbuch des Kais. Deutschen archäologischen Instituts 1897, S. 103ff..

[4]) Führer durch die Ruinen von Pergamon, herausgegeben von der Generalverwaltung der Königl. Museen. Berlin 1887.

[5]) A. Conze in Mittheilungen des athenischen Instituts 1887, S. 149ff..

[6]) Max Fränkel, Die Inschriften von Pergamon (Band VIII, 2 der Alterthümer von Pergamon) n. 613.

[7]) Daselbst (Band VIII, 1), n. 1, 2.

[8]) Erschienen sind bis jetzt:

Band II. Das Heiligthum der Athena Polias Nikephoros von Richard Bohn, mit einem Beitrage von Hans Droysen. Berlin 1885.

Band IV. Die Theater-Terrasse von Richard Bohn. Berlin 1896.

Band V, 2. Das Traianeum von Hermann Stiller, mit einem Beitrage von Otto Raschdorff. Berlin 1895.

Band VIII, 1 und 2. Die Inschriften von Pergamon, unter Mitwirkung von Ernst Fabricius und Carl Schuchhardt herausgegeben von Max Fränkel. Berlin 1890. 1895.

[9]) J. L. Ussing, *Pergamos, dens Historie og Monumenter*. Kopenhagen 1897.

[10]) Die Wasserleitungen von Pergamon. Vorläufiger Bericht von Fr. Gräber, mit einem Beitrage von Carl Schuchhardt. Berlin 1888. Abh. der K. preufs. Ak. d. Wiss. 1887.

Über die Entdeckung der Wasserkammer der Druckleitung durch Herrn Giebeler s. Sitzungsberichte der K. preufs. Ak. d. Wiss. vom 8. Juli 1897.

[11]) Inschriften n. 291.

[12]) Es befindet sich im Ottomanischen Museum zu Constantinopel und erscheint demnächst abgebildet in den Antiken Denkmälern des archäol. Instituts Band II, Tafel 35.

[13]) Dieser Hoffnung hat inzwischen das geneigte Entgegenkommen Sr. Excellenz des Chefs des grofsen Generalstabs entsprochen.

Kolibri 360 GmbH
Ferdinand-Jühlke-Straße 7
99095 Erfurt, Deutschland
produktsicherheit@kolibri360.de